Pohon Dan Tanaman Tahan Api (Fire-Resistant) Yang Bermanfaat Untuk Mencegah Kebakaran Hutan (Wildfire)

Edisi Bahasa Indonesia

by

Jannah Firdaus Mediapro

2021

While every precaution has been taken in the preparation of this book, the publisher assumes no responsibility for errors or omissions, or for damages resulting from the use of the information contained herein.

POHON DAN TANAMAN TAHAN API (FIRE-RESISTANT) YANG BERMANFAAT UNTUK MENCEGAH KEBAKARAN HUTAN (WILDFIRE) EDISI BAHASA INDONESIA

First edition. May 23, 2021.

Copyright © 2021 Jannah Firdaus Mediapro.

Written by Jannah Firdaus Mediapro.

Daftar Isi

Prolog 1

1. Pohon Laban 3

2. Pohon Dadap Duri 5

3. Pohon Cemara Mediterania 7

4. Pohon Gaharu 8

5. Pohon Pisang 10

6. Pohon Pinang 13

7. Pohon Pepaya 15

8. Pohon Jarak Pagar 17

Daftar Pustaka 19

Biografi Penulis 21

Prolog

Belakang ini marak terjadi kebakaran hutan yang melanda daerah-daerah di Indonesia. Baik di wilayah pegunungan ataupun lahan-lahan pertanian, hal ini disebut dipicu oleh musim kemarau panjang yang melanda.

Kendati demikian, ada beberapa hal pencegahan yang bisa dilakukan agar bencana kebakaran hutan tidak sering terjadi terlebih ketika musim kemarau tiba. Salah satunya adalah menggunakan tanaman yang diklaim dapat mencegah kebakaran hutan.

Melansir sumber dari Kementerian Lingkungan Hidup dan Kehutanan (KLHK) disebutkan bahwa dari ribuan jenis tanaman, ternyata beberapa tanaman dapat mencegah kebakaran hutan. Berikut ini 8 jenis tanaman dan pohon tahan api yang dapat mencegah kebakaran hutan dan bermanfaat untuk menjaga kelestarian alam.

1. Pohon Laban

Tanaman yang asli Indonesia ini memang jarang sekali ditemukan oleh sebagian orang. Laban adalah salah satu tanaman yang bisa bertahan setelah kebakaran terjadi.

Oleh sebab itulah, tanaman ini sangat dirokemendasikan sebagai tanaman untuk menghambat kebakaran hutan dan mengurangi kerugian akibat kebakaran hutan. Tanaman Laban merupakan salah satu jenis tumbuhan potensial untuk mereklamasi lahan bekas tambang batubara.

Daun leben yang memiliki nama ilmiah Vitex pubescens Vahl adalah tanaman yang banyak ditemukan di Indonesia. Laban tumbuh hampir di semua provinsi di Sumatera dan Kalimantan.

Pohon laban telah digunakan dalam banyak pengobatan tradisional.

Daun dan kulit batang laban digunakan untuk mengobati sakit pinggang, gangguan pencernaan, demam, sengatan kalajengking hingga digunakan sebagai obat penambah stamina.

Daun laban telah diteliti mengandung senyawa ecdysteroid, flavonoid, steroid, dan fenolik yang memiliki banyak manfaat bagi kesehatan tubuh.

2. Pohon Dadap Duri

Tanaman Dadap duri dipercaya tahan terhadap api oleh masyarakat di sekitar Hutan Gunung Merapi. Tanaman ini tidak akan terbakar meski terjadi musim kemarau. Pohon dadap duri digunakan oleh masyarakat Gunung Merapi sebagai skat untuk lahan bekas kebakaran.

Dadap kerap dipakai sebagai pohon peneduh di kebun-kebun kopi dan kakao, atau pohon rambatan bagi tanaman lada, sirih, panili, atau umbi gadung. Juga baik digunakan sebagai tiang-tiang pagar hidup. Di wilayah Pasifik, dadap dimanfaatkan sebagai penahan angin.

Tanaman ini menghasilkan kayu ringan, lunak dan berwarna putih, yang baik untuk membuat pelampung, peti-peti pengemas, pigura, dan mainan anak. Kayunya juga merupakan bahan pulp.

Daun-daun dadap yang muda dapat digunakan sebagai sayuran. Daun-daun ini berkhasiat membanyakkan susu ibu, membuat tidur lebih nyenyak, dan bersama dengan bunganya untuk melancarkan haid. Cairan sari daun yang dicampur madu diminum untuk mengobati cacingan; sari daun dadap yang dicampur minyak jarak (kasteroli) digunakan untuk menyembuhkan disentri. Daun dadap yang dipanaskan digunakan sebagai tapal untuk meringankan reumatik. Pepagan (kulit batang) dadap memiliki khasiat sebagai pencahar, peluruh kencing dan pengencer dahak.

3. Pohon Cemara Mediterania

Peneliti telah menemukan sejenis pohon yang relatif tahan api, yaitu Cemara Mediterania. Pada daun Mediterania memiliki kandungan air yang tinggi, sehingga dapat bertahan hidup meski di musim panas.

Pohon cemara mediterania juga dapat tumbuh diberbagai iklim dan tersebar di hampir semua pulau di Indonesia. Saat ini, peneliti masih terus meningkatkan penelitian tentang pohon ini sebagai senjata botani untuk mengurangi kebakaran hutan.

Daun pohon cemara mengandung tanin, saponin serta pula polifenol yang berkhasiat buat kesehatan.Kita dapat memakainya sebagai obat herbal buat mengobati berbagai jenis penyakit.

4. Pohon Gaharu

Menteri Kehutanan dan Lingkungan Hidup, menyatakan bahwa pohon Gaharu cocok dan sedang di kembangkan untuk menghindari kebakaran hutan. Pohon Gaharu cocok ditanam di lahan gambut. Hal ini disebabkan air sulit disimpan pada lahan gambut.

Kayu gaharu sangat terkenal aromatik. Kayu gaharu adalah kayu berwarna kehitaman dan mengandung resin khas yang dihasilkan oleh sejumlah spesies pohon dari marga enus Aquilaria, terutama Aquilaria malaccensis. Resin ini digunakan dalam industri wangi-wangian (parfum dan setanggi) karena berbau harum.

Dalam perdagangan dunia, gaharu dikenal dengan nama agarwood, aloewood, atau eaglewood. Karena aromanya yang harum, gaharu termasuk komoditi mewah untuk keperluan industri, parfum, komestik, dupa, kemenyan, bahan baku obat-obatan, dan teh.

Gaharu sejak awal era modern (2000 tahun yang lalu) menjadi komoditi perdagangan dari Kepulauan Nusantara ke India, Persia, Jazirah Arab, serta Afrika Timur.

Selain kandungan resin yang terdapat pada bagian gubal kayu gaharu sebagai bahan pelengkap wangi-wangian karena memiliki aroma harum yang sangat khas, daun gaharu ternyata juga bermanfaat bagi kesehatan tubuh. Masyarakat di Kabupaten Bangka Tengah secara tradisional telah mengenal khasiat daun gaharu sebagai minuman teh keluarga, dan dikenal sebagai teh herbal, yang digunakan untuk menangkal keletihan akibat gangguan tidur ringan.

Minuman teh herbal itu diramu dari daun gaharu yang diiris-iris lalu dijemur sebentar kemudian diseduh air hangat. Teh herbal itu berkhasiat menimbulkan rasa kantuk dan setelah bangun dari terlelap sejenak tubuh akan menjadi lebih segar.

5. Pohon Pisang

Tanaman pisang merupakan tanaman asli Asia Tenggara, tanaman ini mengandung banyak air pada bagian batang, daun dan dahan. Sehingga pohon pisang sangat efektif mencegah menjalarnya api jika terjadi kebakaran hutan pada saat musim kemarau.

Batang pohon pisang bisa untuk menyembuhkan berbagai jenis penyakit atau bermanfaat untuk kesehatan. Selama ini batang pohon pisang lebih banyak dibuang dan tidak dimanfaatkan dengan baik oleh orang-orang.

Mengontrol Tekanan Darah dan Kolesterol

Batang pohon pisang diketahui mengandung vitamin B6 dan zat besi yang cukup tinggi. Hal ini sangat berkhasiat dalam meningkatkan jumlah hemoglobin darah, sehingga baik untuk mengontrol tekanan darah.

Manfaat batang pohon pisang pun dipercaya ampuh dalam mengontrol tekanan darah tinggi maupun kadar kolesterol. Hal itu karena di dalam batang pisang terdapat kandungan kalium.

Untuk mengolah batang pisang menjadi obat herbal, bisa dengan cara dibuat minuman Jus. Kemudian konsumsi secara rutin agar memberikan hasil yang baik.

Mengatasi Asam Lambung

Gedebog pisang juga bisa dibuat jus untuk mengatasi sakit lambung. Ramuan alami ini ampuh mengendalikan kadar asam dalam tubuh. Minum jus ini untuk perut perih atau panas akibat gangguan asam lambung.

Mengatasi Batu Ginjal dan Infeksi Kandung Kemih

Buat anda yang mengalami infeksi kandung kemih, cobalah minum jus gedebog pisang dengan kapulaga. Jus gedebog pisang dengan jeruk nipis kabarnya juga ampuh mengatasi batu ginjal.

Melancarkan Pencernaan dan Detoksifikasi

Batang pohon pisang juga bermanfaat sebagai detoksifikasi guna mengeluarkan racun dari tubuh. Gedebog juga kaya serat sehingga ampuh untuk melancarkan pencernaan.

Menurunkan Berat Badan

Manfaat batang pohon pisang juga berkhasiat untuk mendukung program diet dan menurunkan berat badan. Karena batang pisang mengandung serat yang cukup tinggi. Bahkan kalori gedebog pisang tak akan menyebabkan membengkaknya berat badan.

Minum jus batang pohon pisang yang kaya mineral juga berguna untuk meningkatkan metabolisme tubuh. Jus ini juga baik untuk mengontrol lemak dalam tubuh.

Membersihkan darah kotor

Darah kotor merupakan pemicu atau bisa menyebabkan banyak penyakit. Tak sedikit gangguan kesehatan seperti alergi kulit, jerawat, ataupun gatal-gatal pada kulit disebabkan darah kotor.

Nah, untuk mengatasinya, bikin saja jus dari gedebog dengan ditambahkan madu. Batang pisang ternyata mengandung mineral penting yang ampuh dalam membersihkan darah kotor.

6. Pohon Pinang

Pohon pinang adalah salah satu jenis tumbuhan monokotil yang tergolong palem-paleman. Pohon pinang masuk ke dalam famili *Arecaceae* pada ordo *Arecales*. Pohon ini merupakan salah satu tanaman dengan nilai ekonomi dan potensi yang cukup tinggi.

Tanaman yang memiliki batang lurus dan ramping ini memiliki banyak sekali manfaat dan umum dikenal sebagai tanaman obat. Di beberapa daerah Sumatera dan Kalimantan dimanfaatkan untuk acara seremonial seperti ramuan sirih pinang untuk upacara adat.

Pohon pinang merupakan vegetasi tahan api yang sangat bermanfaat untuk mencegah kebakaran hutan di musim kemarau yang panas sekaligus mencegah bencana longsor dan banjir di musim hujan.

7. Pohon Pepaya

Pepaya atau betik adalah tumbuhan yang diperkirakan berasal dari Meksiko bagian selatan dan bagian utara dari Amerika Selatan. Pepaya kini telah menyebar luas dan banyak ditanam di seluruh daerah tropis untuk diambil buahnya. Pohon pepaya merupakan tanaman tahan api yang kaya air pada bagian batang dan daun. Pohon ini sangat bermanfaat untuk mencegah kebakaran dan juga untuk mencegah bencana banjir longsor serta menjaga ekosistem lingkungan hidup.

Pada daunnya memiliki morfologi memiliki lamina serta petiolus. Tulang daunya memiliki 5 Costa atau ibu tulang yang disertai dengan nervus lateralis atau yang disebut cabang tulang dan Urat daun atau yang disebut vena. Daun ini termasuk daun dengan toreh yang tidak merdeka dan termasuk jenis tepi daun yang bertoreh bercangap menjari atau palmatifidus tiap Apex folii atau ujung daun ialah Acutus atau runcing.

Buah pepaya dimakan dagingnya, baik ketika muda maupun masak. Daging buah muda dimasak sebagai sayuran. Daging buah masak dimakan segar atau sebagai campuran koktail buah. Pepaya dimanfaatkan pula daunnya sebagai sayuran dan pelunak daging. Daun pepaya muda dimakan sebagai lalapan (setelah dilayukan dengan air panas) atau dijadikan pembungkus buntil. Oleh orang Manado, bunga pepaya yang diurap menjadi sayuran yang biasa dimakan. Getah pepaya (dapat ditemukan di batang, daun, dan buah) mengandung enzim papain, semacam protease, yang dapat melunakkan daging dan mengubah konformasi protein lainnya. Papain telah diproduksi secara massal dan menjadi komoditas dagang.

Pepaya memiliki manfaat yang banyak karena pepaya banyak mengandung vitamin A yang baik untuk kesehatan mata, pepaya juga memperlancar pencernaan bagi yang sulit buang air besar. Di beberapa tempat buah pepaya setengah matang dijadikan rujak buah manis bersama dengan buah bengkoang, nanas, apel, belimbing, jambu air. Getah buah pepaya juga tergolong mahal karena getah pepaya bisa diolah menjadi tepung papain yang berguna bagi kebutuhan rumah tangga dan industri. Pada pengobatan herbal pepaya dapat mencegah kanker, sembelit, kesehatan mata.

8. Pohon Jarak Pagar

Jarak pagar (Jatropha curcas) adalah tumbuhan semak berkayu yang banyak ditemukan di daerah tropik. Tumbuhan ini dikenal sangat tahan kekeringan dan mudah diperbanyak dengan stek. Walaupun telah lama dikenal sebagai bahan pengobatan dan racun, saat ini ia makin mendapat perhatian sebagai sumber bahan bakar hayati untuk mesin diesel karena kandungan minyak bijinya. Peran yang agak serupa sudah lama dimainkan oleh kerabatnya, jarak pohon (Ricinus communis), yang bijinya menghasilkan minyak campuran untuk pelumas.

Berdasarkan pengamatan terhadap keragaman di alam, tumbuhan ini diyakini berasal dari Amerika Tengah, tepatnya di bagian selatan Meksiko, meskipun ditemukan pula keragaman yang cukup tinggi di daerah Amazon. Penyebaran ke Afrika dan Asia diduga dilakukan oleh para penjelajah Portugis dan Spanyol berdasarkan bukti-bukti berupa nama setempat.

Ke Indonesia, tumbuhan ini didatangkan oleh Jepang ketika menduduki Indonesia antara tahun 1942 dan 1945. Tumbuhan ini direncanakan sebagai sumber bahan bakar alternatif bagi tank dan pesawat perang sewaktu Perang Dunia II. Kemampuan untuk diperbanyak secara klonal menyebabkan keanekaragaman tumbuhan ini tidak terlalu besar. Walaupun demikian, karena ia termasuk tumbuhan berpenyerbukan silang maka mudah terjadi rekombinasi sifat yang membawa pada tingkat keragaman yang cukup tinggi.

Bahan tanaman dapat berasal dari stek cabang atau batang, maupun benih. Jika menggunakan stek dipilih cabang atau batang yang telah cukup berkayu. Untuk benih dipilih dari biji yang telah cukup tua yaitu diambil dari buah yang telah masak biasanya berwarna hitam.

Jarak pagar dipandang menarik sebagai sumber biodiesel karena kandungan minyaknya yang tinggi, tidak berkompetisi untuk pemanfaatan lain (misalnya jika dibandingkan dengan kelapa sawit atau tebu), dan memiliki karakteristik agronomi yang sangat menarik. Selain itu pohon jarak pagar merupakan vegetasi tanaman tahan api yang sangat bermanfaat untuk mencegah dan meredam kebakaran hutan pada musim kemarau

Daftar Pustaka

Archibald, S., W.J. Bond, W.D. Stock and D.H.K. Fairbanks.2005. Shaping the landscape: fire-grazer interactions in an African Savanna. Ecological Applications

Fairbrother, A.; Turnley, J. G. (2005). "Predicting risks of uncharacteristic wildfires: application of the risk assessment process". Forest Ecology and Management.

Keeley J.E., Bond W.J., Bradstock R.A., Pausas J.G. & Rundel P.W. 2012. Fire in Mediterranean Ecosystems: Ecology, Evolution and Management. Cambridge University Press.

Whitlock, C., Higuera, P. E., McWethy, D. B., & Briles, C. E. 2010. Paleoecological perspectives on fire ecology: revisiting the fire-regime concept. Open Ecology Journal

Makarim, N., et al. (BAPEDAL and CIDA-CEPI). 1998, Assessment of 1997 Land and Forest Fires in Indonesia: National Coordination. From "International Forest Fire News

Sikat Racun dan Kolesterol dengan Kopi Biji Pepaya, Tribun Jabar, 3 April 2015

Warisno (2003). Budi Daya Pepaya. Yogyakarta: Kanisius. ISBN 979-21-0092.

Kristina, N.N., dan Syahid S.F., 2007, Penggunaan Tanaman Kelapa (Cocos nucifera), Pinang (Areca catechu) dan Aren (Arenga pinnata) sebagai Tanaman Obat (serial online)

Biografi Penulis

"And give good tidings to those who believe and do righteous deeds that they will have gardens [in Jannah Paradise] beneath which rivers flow.

Whenever they are provided with a provision of fruit therefrom, they will say, 'This is what we were provided with before.' And it is given to them in likeness.

And they will have therein purified spouses, and they will abide therein eternally."

(The Noble Quran 2:25)

www.ingramcontent.com/pod-product-compliance
Lightning Source LLC
LaVergne TN
LVHW021951060526
838200LV00043B/1971